Sauerkirsche

Prunus cerasus

Speierling

Sorbus domestica

Mispel

Mespilus germanica

Pfirsich

Prunus persica

Pflaume
Prunus domestica

Quitte
Cydonia oblonga

Heimische Obstbäume schnell erkennen

QUELLE & MEYER

Vogelbeere

Sorbus aucuparia

Walnuss

Juglans regia

Kirsche

Prunus avium

Mirabelle

Prunus domestica syriaca

Wildapfel

Malus sylvestris

Wildbirne

Pyrus pyraster

Elsbeere

Sorbus torminalis

Esskastanie

Castanea sativa

Apfel

Malus domestica

Birne

Pyrus communis

Obstwiesen – Lieferant für köstliches, gesundes Obst und Lebensraum für viele wildlebende Tier- und Pflanzenarten.

ISBN 978-3-494-01949-9
Best.-Nr.: 494-01949

Projektberatung und Zusammenstellung
sowie sämtliche Bilder: Gisela Tubes